STAGE MAKE – UP MASTER BOOK

스테이지 메이크업 마스터북

이정민

구민사

contents

CHAPTER 1

무대분장의 이해

1 무대분장

무대분장(Stage Make-up)이란 영상 분장을 제외한 연극, 뮤지컬, 오페라, 패션쇼 등의 무대 공연을 위한 분장과 거리 공연을 위한 분장으로, 아름다움을 목적으로 행해지는 일반 화장과는 의미가 다르다.

보통 무대크기에 따라 극장을 분류하는데, 객석수가 약 500석 이하의 경우 소극장, 약 500~1000석의 경우 중극장, 약 1,000석 이상인 경우 대극장으로 분류되며, 극장의 크기, 관객과 배우의 거리, 관객의 위치 등을 고려하여 분장의 강약을 조절해야 한다.

무대분장은

첫째, 배역인물화, 배역창조를 위해 극중 역할에 맞게 배우의 외적 이미지를 변화시키는 것이다.

둘째, 무대분장은 얼굴에 행해지는 분장과 헤어, 의상, 액세서리 등의 전체적인 스타일링의 포괄적인 의미로, 극중 배역에 맞는 성격분장을 통해 극의 전체적인 내용과 흐름, 배우의 역할, 시대적 배경 등의 메시지를 전달하는 관객과의 소통을 위한 시각적 의사전달 수단이다.

셋째, 무대부장은 자연인 상태의 배우를 극 중 캐릭터에 맞는 이미지로 변화시켜줌으로써 배우가 연기에 몰입할 수 있는 심리적인 안정감을 갖게 한다.

2 골상학

사람마다 얼굴의 뼈와 근육의 크기나 형태 등은 각기 다르다. 따라서 두개골과 근육구조인 골상학에 따른 이미지 특징을 이해함으로써 다양한 캐릭터 표현을 위한 효과적인 분장 디자인을 연출할 수 있다.

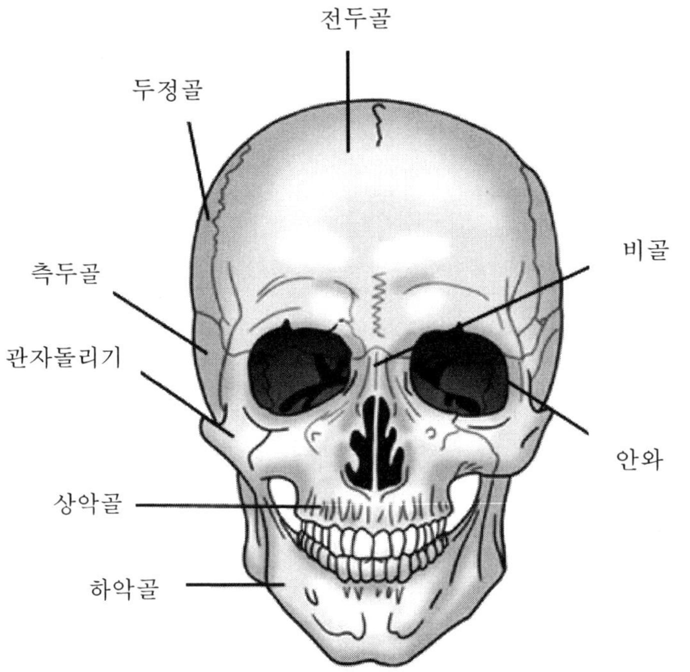

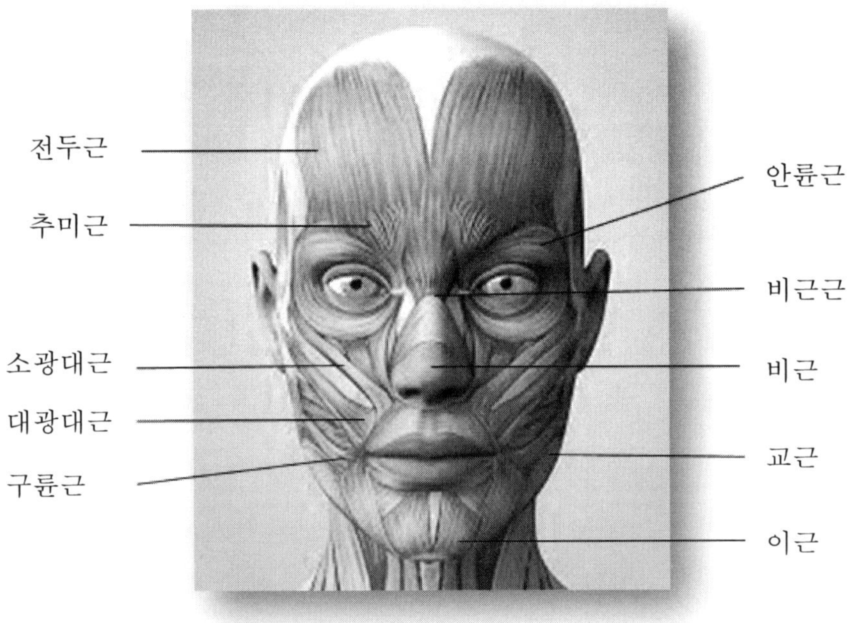

구분		내용
두개골	전두골	• 머리뼈 앞부분을 구성하며, 눈썹의 융기와 안와의 위쪽인 이마를 형성함
	두정골	• 정수리를 형성하며, 대뇌의 뒤를 덮은 좌우 한 쌍의 편편하고 모가 난 뼈
	측두골	• 관자 뼈라고도 불리며, 한 쌍의 뼈가 머리뼈의 양 옆 기저부를 이루고 있음
	관골 돌기	• 광대뼈를 튀어나오게 만드는 뼈이며 좌우 양쪽에 하나씩 있음 • 눈구멍의 아래 바깥쪽에 위치하며 모양은 마름모 형태 • 얼굴의 여러 뼈들과 만나면서 귀 쪽의 얇은 뼈로 이어짐
	상악골	• 상악골은 윗입술의 모양을 형성하고, 윗니를 고정시키는 역할을 함 • 씹거나 말할 수 있도록 움직이는 기능을 함
	하악골	• 얼굴의 가장 아랫부분에 위치하며, 얼굴의 하부를 구성하여 얼굴형을 결정 • 아래 치아를 떠받치는 역할을 하며, 상악골과 함께 움직여 씹거나 말하는 데 기능을 수행함
	비골	• 코뼈를 형성하며, 사다리꼴의 얇은 뼈로 좌우 한 쌍
	안와	• 안구를 보호하며, 안구가 들어가는 두개골 뼈의 빈 공간

구분		내용
안면 근육	전두근	• 머리의 앞면에 머리뼈를 덮고 있는 근육으로, 눈썹을 올리거나 이마에 가로 주름을 나타내어 찌푸리거나 놀란 표정을 만들 때 사용됨
	추미근	• 눈썹을 내리거나 빛으로부터 눈을 보호하기 위해 눈을 가늘게 뜰 때 작용 • 눈썹을 중심 쪽으로 모아 미간에 주름 형성, 찌푸리거나 분노, 혼란스러운 표정에 작용
	소광대근	• 윗입술을 뒤, 위로 당김, 부정적인 표정 시 사용
	대관대근	• 광대뼈에서부터 입 꼬리까지 붙어 있는 안면근육으로 입 바깥쪽에 위치하며, 입 꼬리를 올린 밝은 표정 시 사용
	구륜근	• 입 주위의 근육으로, 입을 오므리는 작용을 하므로 표정에 매우 중요한 역할 • 입속의 음식물을 비우거나 입을 다무는 것을 돕는 작용
	안륜근	• 눈을 깜빡거릴 때 사용, 눈의 주름 형성. 눈꺼풀을 닫는 역할 • 이마에 세로 주름 형성
	비근근	• 양편 눈썹 사이에 있는 피부를 아래로 당겨 미간에 가로 주름 형성 • 코끝으로 사선주름을 만드는 것
	비근	• 콧구멍을 크게 함
	교근	• 턱을 움직여서 씹는 기능을 돕는 근육 • 아래턱에 붙은 근육, 발달할수록 사각턱이 형성됨
	이근	• 턱 근육. 아랫입술을 내밀고 턱 끝에 주름을 잡게 하는 근육 • 부정적인 표정

3 인상학적 이미지

[1] 얼굴형에 따른 이미지

둥근형

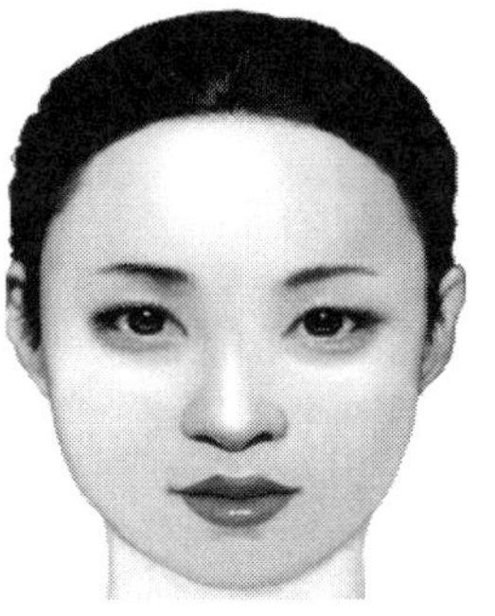

- 얼굴의 선이 전반적으로 둥근 형태
- 긍정적, 대인관계 원만, 활동력이 뛰어남
- 낙천적인 성격
- 귀엽고 어려보임

각진형(사각형)

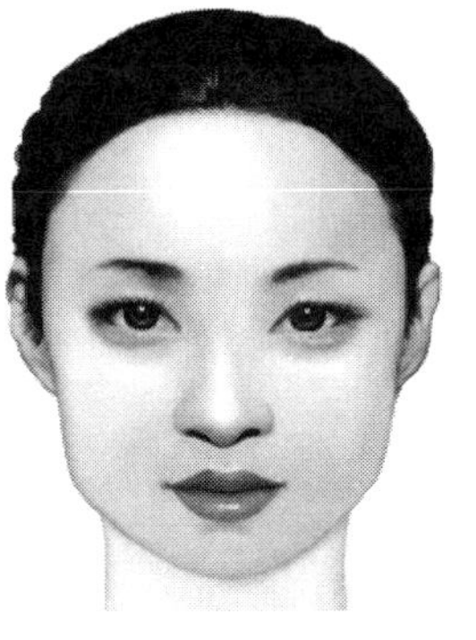

- 얼굴의 세로 길이가 짧고 각이 있는 형태
- 한결같은 성품으로 듬직하고 분명한 성격
- 자기주장이 강함, 끈기 있음, 활동적
- 추진력이 뛰어남

계란형

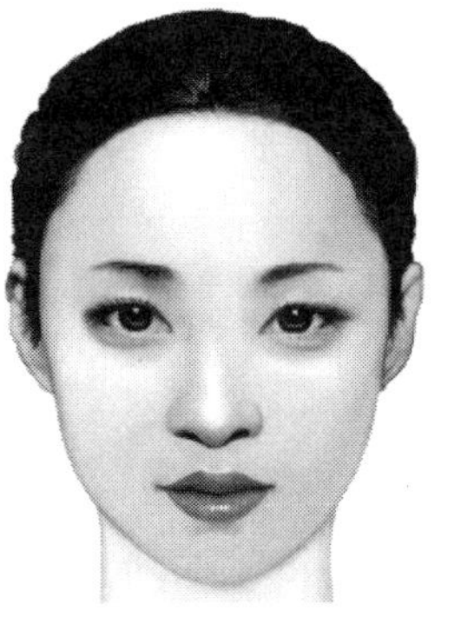

- 부드럽고 온화한 이미지 + 깐깐한 이미지, 사교적
- 원만한 성격, 통찰력과 기억력이 좋음, 자만심

역삼각형

- 턱이 좁은 형태
- 현대적이고 도시적인 세련된 이미지
- 자존심, 독립심이 강함, 신경이 예민함
- 이성적, 생각이 많음

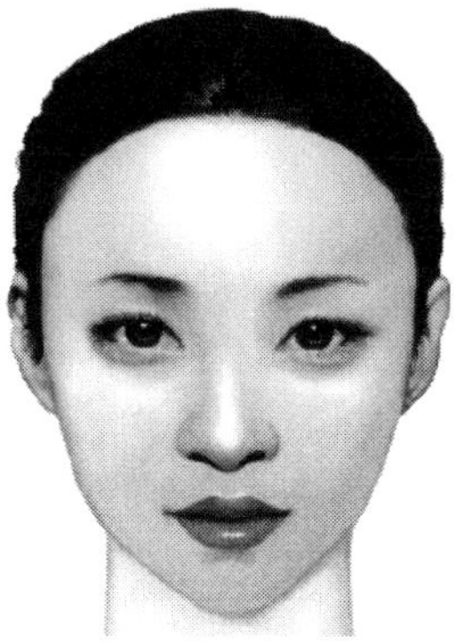

마름모형

- 이마와 하안에 비해 광대뼈의 폭이 넓은 형태
- 강직함, 예리함, 신경질적, 날카로움, 기가 셈
- 실천력이 뛰어남

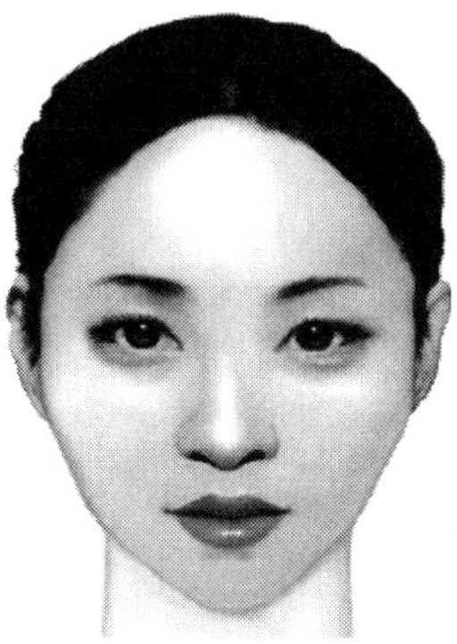

[2] 눈 형태에 따른 이미지

구분		이미지
눈 형태 이미지	쌍꺼풀 눈	• 호기심이 많고 감수성이 풍부함
	외꺼풀 눈	• 보수적이며 참을성이 강함
	큰 눈	• 겁이 많고 표현력, 감수성이 풍부하며, 사교적인 성향
	작은 눈	• 고집이 강함. 보수적임
	가느다란 눈	• 날카로움, 생각이 깊음, 의심이 많음, 인내력이 강함
	눈꼬리 처진 눈	• 소극적이고 온순한 이미지, 다소 둔해 보일 수 있음
	눈꼬리 올라간 눈	• 자기주장이 강함. 강직함. 질투심이 강함, 고집스러움, 냉정함, 진취적, 고지식한, 배타적인 성향이 강함
	깊은 눈	• 예리함, 세심함, 주의 깊음, 영리함, 끈기가 있음
	튀어나온 눈	• 정력이 강함, 민첩함, 끈기 부족, 고집이 강함 • 실천력이 뛰어남, 창조적인 성향이 강함
	삼백안	• 감정기복이 심함, 난폭성이 강함
	짝눈	• 활발함, 통찰력이 뛰어남

[3] 눈썹 형태에 따른 이미지

구분		이미지
눈썹 형태 이미지	일자 눈썹	• 고집이 세고 단순 명료한 타입이며 남의 말을 귀담아듣지 않는 타입 원리원칙주의자 성향이 강함
	긴 눈썹	• 눈길이보다 길게 보이는 눈썹, 이런 사람은 남녀 모두 부모형제 간의 인연이 좋아 부귀를 누리는 인상 • 온화함, 다정다감, 꼼꼼함
	짧은 눈썹	• 짧고 엷은 눈썹을 가진 경우 남녀 모두가 이성에 대한 애정이 대단히 깊은 타입 • 남성은 진취적이며 자립심이 강하며, 여성인 경우는 여장부 기질을 가지고 있어 남성보다 뛰어난 실력을 발휘하는 경우가 많음 • 단점은 위선적인 성향을 보이기도 함
	아래로 처진 눈썹	• 실천력, 결단력이 강하고 명랑하고 사교성이 강하며 리더십도 강함
	위로 올라간 눈썹	• 예술에 소질이 있으며 유행에 민감 • 맡은 일에 최선을 다하는 편 • 욕심이 많고 성격도 급하며 예민 • 남의 눈과 평가에 민감하게 반응 • 적당하게 올라간 눈썹은 카리스마 있어 보임 • 의지가 강한 적극적인 성격으로 경쟁심이 강한 타입
	두꺼운 눈썹	• 남성적이고 자기중심적인 성향 • 심지가 굳은 편이지만 너무 두꺼운 경우 공격적인 성향 • 적극적인 타입으로 머리보다 몸이 앞서는 타입 • 자기중심적인 성향이 강해서 타인과 쉽게 융화되기 힘듦
	얇은 눈썹	• 순수하고 섬세하며 배려심이 좋지만 너무 가늘면 신경이 날카로울 수 있음 • 소극적이고 보수적이며 자기주장이 약함
	끝이 넓게 흩어진 눈썹	• 일머리는 좋지만 욕심이 많은 편 • 털이 자라는 방향이 불규칙할수록, 자기 고집이 세고 이기적인 성향이 강하다. • 관상학적으로 재물이 세는 눈썹 형태
	거칠고 숱이 많은 눈썹	• 통솔력이 좋고 믿음직함 • 의리가 좋아 친구들을 잘 대하는 편 • 재운과 명예 운이 좋아 성공 가능성이 높음

[4] 코 형태에 따른 이미지

구분		이미지
코 형태 이미지	낮은 코	• 마음이 순하고 반항심이 별로 없어 사람들과 마찰이 적음
	높은 코	• 자존심이 강함, 독단적, 적극적, 공격적
	짧은 코	• 명랑하고, 낙천적이나 성격이 급함
	납작 코	• 속내를 겉으로 나타내지 않는 편으로 대외적인 활동이 약함. 순종적
	코에 살집이 없어 마르고 울퉁불퉁한 코	• 재능과 지혜가 있음 • 성격이 날카롭고 타인에게 인색함, 자존심이 강함, 고집이 셈, 예민함
	들창 코	• 재물의 낭비가 있는 편이며 극기심, 인내력이 부족함 • 통찰력, 유머감각이 있음

[5] 입술 형태에 따른 이미지

구분		이미지
입 형태 이미지	입술 끝이 올라간 입	• 총명하며 성격이 명랑하고 대인관계도 좋음
	입술 끝이 쳐진 입	• 고집이 세고 자기중심적이며 매사에 불평불만이 많음
	아랫입술이 튀어 나온 입술	• 핑계나 구실이 많고 자기중심적이며 질투심이 많음
	윗입술이 튀어 나온 입술	• 개성이 약하고, 마음이 곱고 자기주장이 약함, 수동적
	일자형 입술	• 의지가 강함, 단호함
	좌우가 비뚤어진 입술	• 이해심 부족, 불만이 많음, 매사 비관적

[6] 이마 형태에 따른 이미지

일자 이마

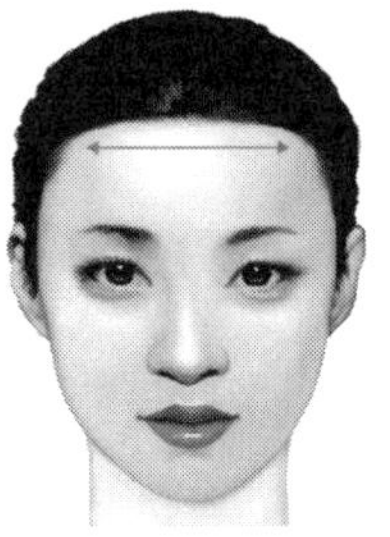

- 관상학적으로 가장 좋은 모양의 이마 모양
- 재물운, 인복 두루 갖춤 , 윗사람을 끌어주는 좋은 기운의 이마
- 매사 긍정적이고 사리분별 명확, 영리하고 일처리 능력이 뛰어남

둥근 이마

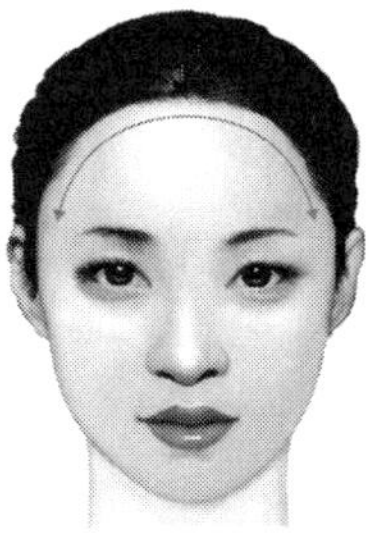

- 천성이 선하고 부드러운 가정적인 성품
- 현모양처형
- 부드럽고 사교적, 헌신적인 타입
- 맡은 일에 최선을 다하며 책임감이 강함

M자 이마

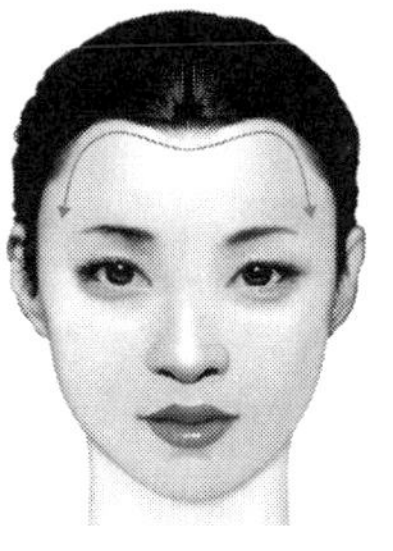

- 다소 자기주장이 강하고, 지도자의 성향
- 집중력이 뛰어난 천재 스타일. 완벽주의자
- 어떤 문제든 자기만의 스타일로 문제를 해결하고
  더 좋은 결과를 만들어 내는 능력자 타입

좁은 이마

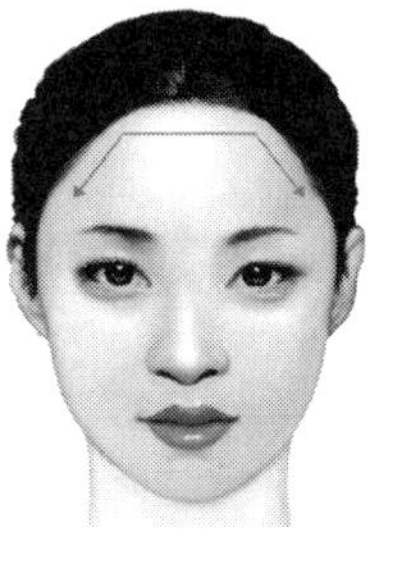

- 천성이 온화하고 부드러운 성품
- 예민하고 감각이 매우 발달한 타입이 많음
- 애교가 많아, 이성에 인기가 많은 타입

헤어라인이 불규칙한 이마

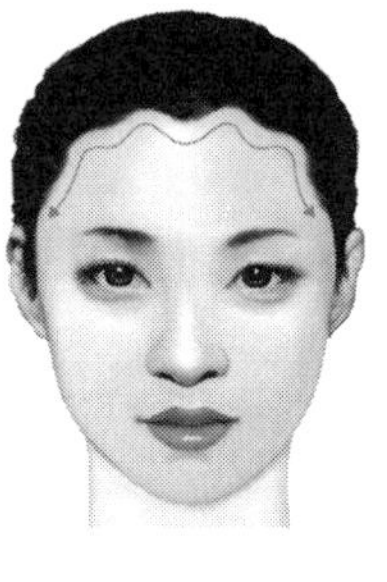

- 자기가 맡은 일은 완벽하게 해내는 책임감이 강한 스타일
- 자기 자신에게 굉장히 엄격하며 자기 관리도 철저히 함
- 외강내유 타입이라 상처를 잘 받음

[7] 점 위치에 따른 이미지

① 코끝의 점 : 재물 운은 좋으나 낭비가 심한 타입으로, 손재수가 있음

② 코 옆의 점 : 마음이 순수하고 착한 타입으로, 잦은 손해를 볼 수 있음

③ 이마 가운데 점 : 사업가 스타일로 재물 운이 좋음, 독단적인 성향이 강함

④ 인중의 점 : 마음이 여리고 착한 심성, 인복이 많음

⑤ 볼의 점 : [오른쪽] 이성에게 인기가 많아 구설수에 휘말리기 쉽다.
[왼 쪽] 다혈질의 성향이 많다.

⑥ 귓불의 점 : 최고의 복점으로 말년 복이 넘치고 재물 운이 좋다.

⑦ 귀 안의 점 : 이성에게 인기가 많음

⑧ 입가의 점 : [오른쪽] 말실수가 잦으니 언행조심
[왼 쪽] 배우자 운이 좋음

⑨ 눈썹 아래 점 : [오른쪽] 친구 운이 좋음
[왼 쪽] 재물 운이 좋음

⑩ 눈 아래 점 : [오른쪽] 이성문제로 고충
[왼 쪽] 재물 운, 배우자 운이 좋음

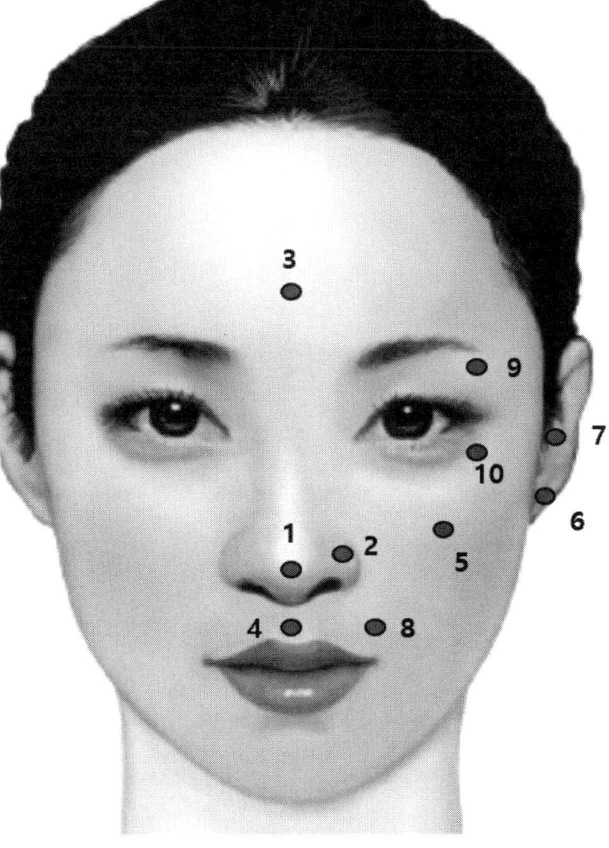

[8] 연령대별 인상이미지

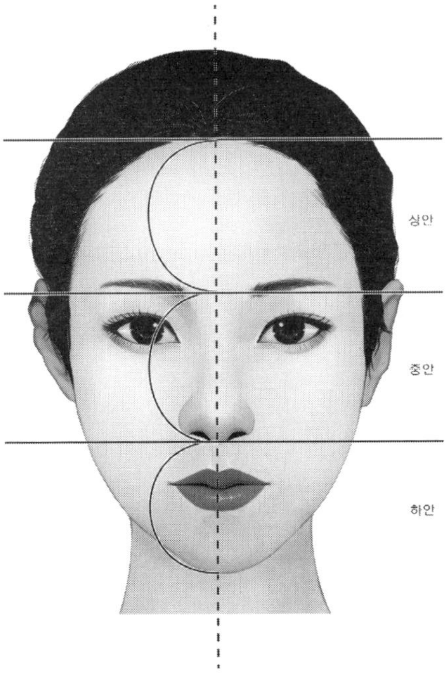

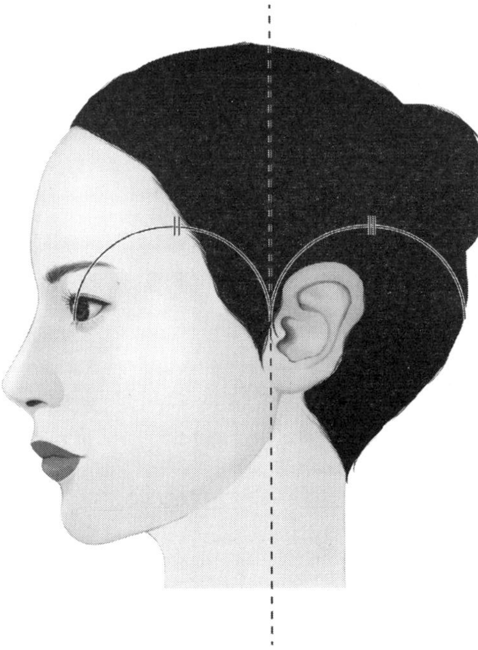

① 상안 : 20대 이전의 관상, 20대, 30대의 관상

② 중안 : 20대, 30대, 40대, 50대, 60대 이후의 관상

③ 하안 : 60대 이후의 관상

20대 이전의 관상

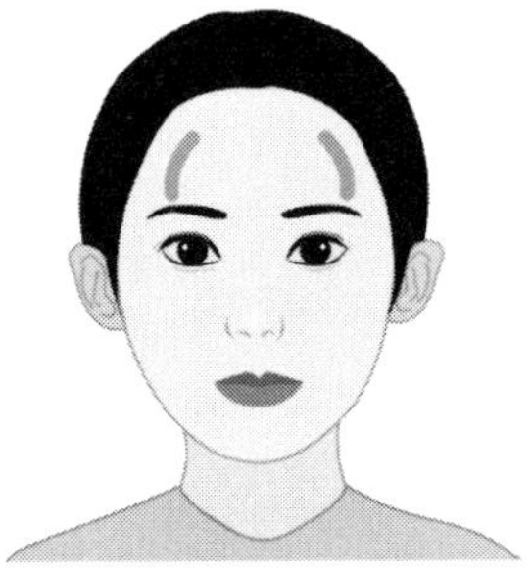

- 눈썹 위의 이마
- 눈썹 위의 이마가 살집이 좋고 볼록하면 좋고 날카롭거나 상처가 있거나 푹 들어간 부위가 있으면 좋지 않은 운

20대의 관상

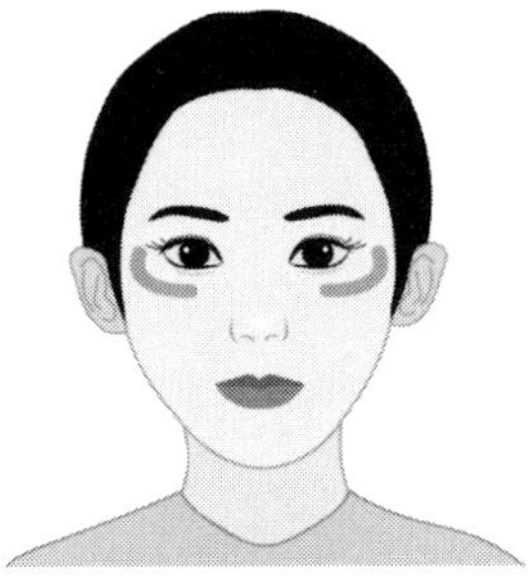

- 눈썹과 눈 주위
- 눈동자가 충혈되어 있거나 다크써클이 심한 경우 운이 좋지 않음

30대의 관상

- 눈썹
- 눈썹의 숱이 적당하고 짙어야 함
- 가늘고 끊어진 눈썹의 모양은 좋지 않음

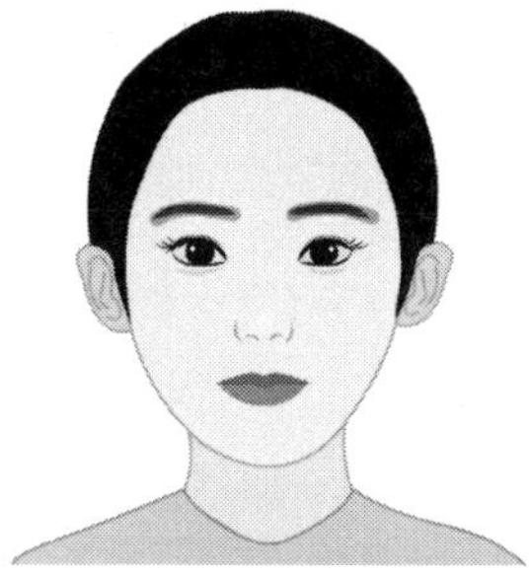

40대의 관상

- 코의 모양
- 콧대가 곧고 코끝이 살집이 두툼할수록 좋음
- 코의 높이와 상관없이 코끝이 휘거나 얇은 경우 재물 운이 좋지 않음

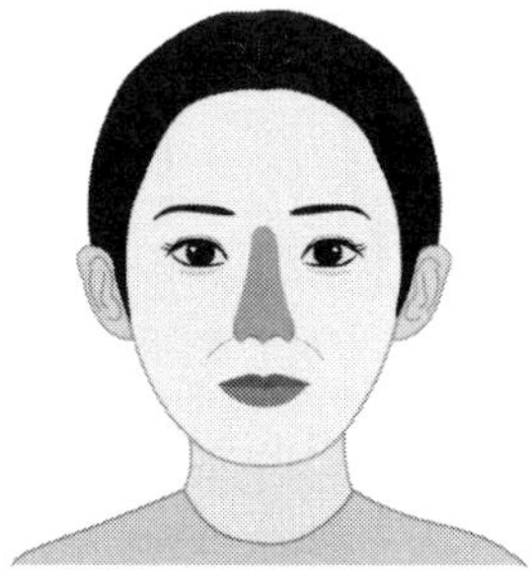

50대의 관상

- 볼 주위, 볼은 집안의 창고를 의미함
- 맑고 통통한 살집이 있을수록 재물 운이 좋음

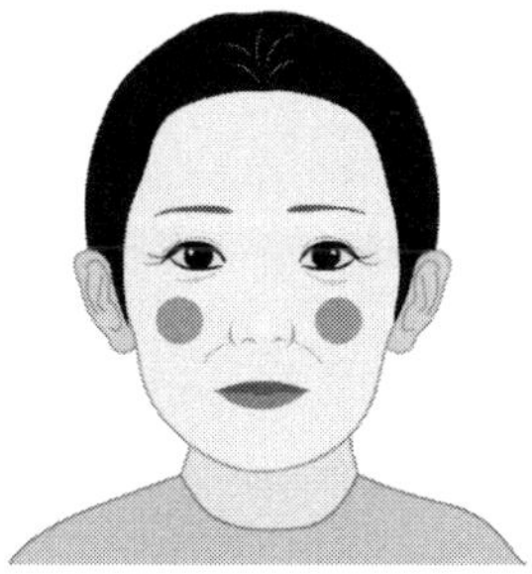

60대의 관상

- 귓불과 턱
- 귓불과 턱살이 두툼하고 늘어질수록 재물 운이 좋음

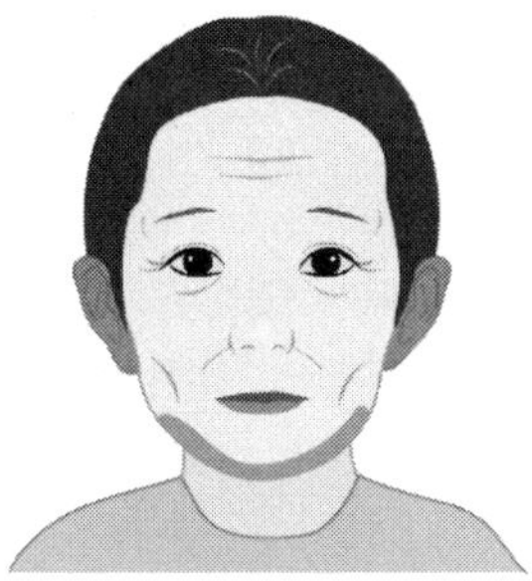

4 무대조명

조명의 각도에 따라 달라지므로 색의 표현을 높이려면 가장 먼저 고려할 사항은 조명이다. 무대 분장색을 잘 표현하려면 조명의 종류, 밝기, 방향, 변화, 색광을 적절히 표현해 주는 것이 중요하다.

- 무대의 생명력을 부여하고 배우들의 개성을 표현해주며 관객들의 주의를 끄는 역할을 한다.
- 조명의 조도와 색채, 빛의 각도를 달리하여, 극의 흐름에 필요한 암시적인 효과를 주거나 어둡고 무거운 조명 색광은 극의 긴장감을 고조시키거나 비극적인 분위기를 조성하고 밝은 조명은 극의 분위기를 완화시키는 이미지를 만들어 준다.
- 조명의 색감에 따라 시간의 변화, 계절의 변화뿐 아니라 비, 무지개, 구름 등의 다양한 리얼리티와 질감을 표현할 수 있다.
- 조명을 이용하여 무대 위 배우의 움직임 공간을 설정해 준다.

종류	특징
Front light (앞조명)	배우의 정면을 비추는 조명으로 배우의 얼굴을 뚜렷하게 보여줄 수 있으나 평면적으로 보일 수 있으니 주의한다.
Side light (옆조명)	무대의 오른쪽에서 왼쪽으로 비추는 조명으로 인물을 입체감 있게 표현해 준다.
Back light (뒷조명)	무대에서 객석 쪽을 향해서 비추는 조명으로 배우의 윤곽과 실루엣을 강조한다.
Top light (윗조명)	무대 위쪽에서 수직으로 비추는 조명으로 배우의 얼굴에 그림자를 만들어 공격적인 분위기를 만들어준다.
Foot light (바닥조명)	무대 아래에서 위를 비추는 조명으로 극의 긴박감, 공포, 극적 효과를 나타내는 데 사용된다.

5 분장재료

수프라컬러 크라운 화이트 (SUPRACOLOR CLOWN WHITE)		• 연극 분장 및 광대분장에 활용 • 워터 프루프 형태로 땀이나 물에 강함 • 투명파우더와 함께 사용 시 오랜 시간 지속
수프라컬러 팔레트 (SUPRACOLOR PALETTE)	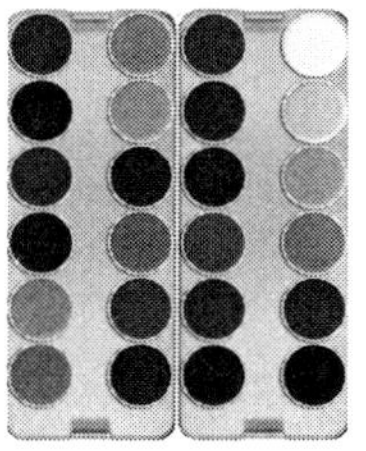	• 워터 프루프 유성컬러크림 • 페이스와 바디에 모두 사용이 가능한 멀티 바디페인팅 유성크림 • 브러시나 스펀지를 사용하여 원하는 분장을 표현해준 후 파우더로 마무리
수프라컬러 메탈릭 휠 (SUPRACOLOR METALLIC WHEEL)	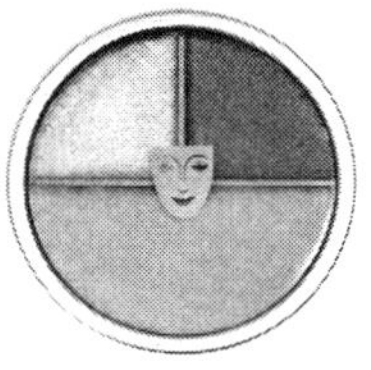	• 유성제품으로 유분이 함유되어 있어 부드럽고 촉촉하게 발림 • 고운 입자의 펄이 함유되어 있음
콤비펜슬		• 블랙, 진갈색으로 이루어져 아이브로, 아이라인, 립라이너 외 분장 시 다양하게 활용됨
헤라 (SPATULA)		• 분장 제품을 덜거나 모델링 시 형태를 만들 때 사용
블랙 스펀지/ 곰보 스펀지 (BLACK SPONGE/ STIPPLE SPONGE)		• 벌집 형태의 구조로 구멍 입자가 다양한 나이론제 스펀지 • 면도하지 않은 수염자국, 긁힌 상처, 얼굴의 질감 표현 등에 사용
수염 (생사/인조사)	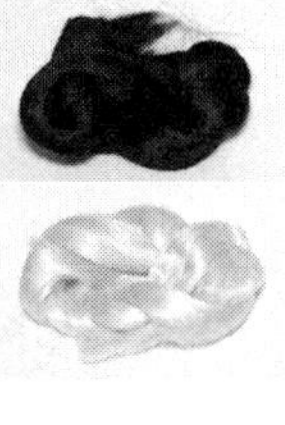	• 생사 : 누에꼬치실로 제작되어 염색에 따라 다양한 색깔 가능. 물에 젖을 경우 사용이 어려워 인조사와 혼합하여 사용 • 인조사 : 용도에 따라 색깔 굵기 등을 조절하여 사용. 가발제작, 뜬 수염 제작에 사용. 직모 자체로 사용이 어려움으로 전자레인지에 쪄서 웨이브를 만들어 사용 가능

스피리트 껌 / 마스틱스 (SPIRIT GUM) / (Mastix)	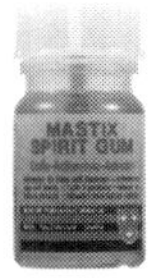	• 99% 주정 알코올에 송진을 용해하여 제조 • 전용 리무버, 알코올로 제거 가능 • 제품마다 굳는 속도와 농도가 다르므로 용도에 맞게 사용
라텍스 (Latex)		• 인조코, 마스크, 상처분장, 볼드캡 등 다양한 특수 분장을 연출할 수 있는 리퀴드 타입
왁스 (Wax)		• 형태를 변형시키는 제품으로 얼굴의 상처, 눈썹지우기 등의 상처에 활용되며 스피르트껌으로 접착시키고 실러를 도포한 후 색을 입힌다. • 분장 형태에 따라 왁스의 경도 정도를 맞추어 사용
글라짠 (Glatzan)		• 용액 형태의 플라스틱으로 볼드캡 제작 시 사용 • 볼드헤드에 3 ~ 5번 정도 덧발라 사용하면 자연스러운 볼드캡 완성 • 볼드헤드에서 제거 시 파우더를 사용하여 표면을 처리함
볼드캡 (Bald cap)		• 글라짠으로 아주 얇게 제작된 볼드 캡으로, 분장 시 아세톤으로 경계부분을 없앨 수 있어 거의 표시가 나지 않음
실러 (Slealer)	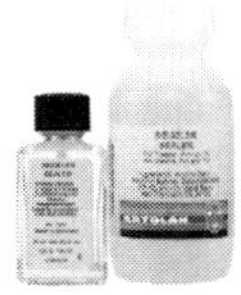	• 왁스, 젤라틴, 실리콘, 인공스킨의 지속력을 강화시켜 분장을 오래 유지시켜줌 • 분장 위에 사용 시 은은한 광택이 있어 분장의 효과를 더해줌
글리세린 (Glycerine)		• 땀이나 젖은 듯한 효과를 나타낼 때 사용하는 제품 • 광택이 있고 유분이 없으며, 세척이 가능함
치아 에나멜 (Tooth Enamel)		• 분장 시 치아에 사용되는 워터 프루프 타입의 제품 • 치아가 빠지거나 니코틴이 낀 상태, 썩은 치아 등을 표현할 때 사용 • 용기에 붓이 달려 있어 원하는 부위의 물기나 이물질을 제거한 후 바르고 말림 • 제거 시 면봉이나 화장 솜에 알코올 묻혀 제거 • 검정, 밤색, 빨간, 흰색 등

템플화이트 (Temple White)	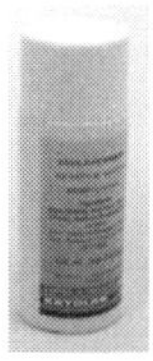	• 노역분장 시 흰머리 표현에 사용되는 제품 • 흰색, 아이보리, 은색
올드스킨 플라스트 (Old Skin Plast)		• 주름 표현에 사용 • 아주 섬세한 주름 표현에 적합함 • 넓은 부위에 사용을 피해야 함
더마컬러 픽서 스프레이 (DERMA COLOR FIXER SPRAY)		• 각종 분장 후 필요한 부위에 뿌리면 얇은 막이 형성되어 분장이 손상이 되지 않도록 하는 제품 • 용기를 충분히 흔든 후 원하는 부위에서 30cm 정도 떨어져 분사
프로스테틱 어드헤시브 (PROSTHETICS ADHESIVE)	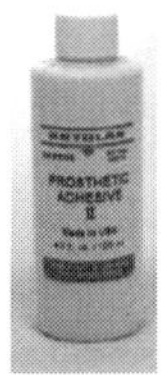	• 접착제의 일종으로 가발이나 마스크, 실리콘 등을 접착할 때 사용하는 제품으로 아주 얇고 세밀한 작업이 가능하며, 기존 접착제보다 강력한 제품
스티플 왁스 (STIPPLE WAX)	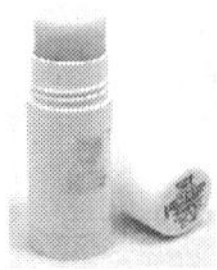	• 가루수염 고정용 왁스 • 수염의 형태를 정돈할 때도 사용

제품 이미지 크리오란코리아 www.kryolanshop.com/

CHAPTER 2

[여자] 대극장 무대분장

피부표현	• 메이크업 베이스 처리 후 인종, 연령대, 사회적 지위 등 극중 배역을 고려하여 파운데이션 컬러를 선택한다. • 무대분장에는 유분기가 적고 커버력이 있는 붉은 기가 섞인 파운데이션이 적합하다. • 기본적으로 T존, 코, 눈 밑, 턱 부위에 하이라이트를 처리하고, 광대뼈와 턱선 부위 등에 셰딩을 처리하여 극중 성격에 맞는 골격표현 및 입체감을 준다. • 볼 부위에 붉은색 라이닝 컬러를 사용하여 혈색을 표현한 후 파우더로 마무리 한다.
눈 화장	• 배역에 맞는 눈썹 형을 디자인한다. • 배역에 적당한 컬러의 아이섀도를 처리한 후, 위 아이라인은 눈을 떴을 때 2 ~ 3mm 정도 보이도록 그린다. • 아이홀 자리에 갈색 라이닝컬러나 콤비 펜슬을 이용하여 아이홀 라인을 그리고 그라데이션 처리한다. • 눈 뼈, 아이홀 안쪽에 화이트 아이섀도를 이용하여 하이라이트 처리한다. • 눈이 커보이도록 아래 아이라이너는 속눈썹에서 약간의 간격을 주고 그리고 안쪽은 화이트펜슬이나 화이트 라이닝 컬러를 이용하여 하이라이트 처리한다. • 입체감을 주기 위해 무대용 속눈썹을 부착한다.
볼터치 & 입술	• 붉은 색 라이닝 컬러나 블러셔를 이용하여 홍조 띤 얼굴을 표현한다. • 립라이너를 이용하여 입술 선을 또렷하게 그리고, 배역에 맞는 립스틱 컬러를 발라준다.
기타	• 갈색 콤비 펜슬을 이용하여 콧대, 콧망울, 입중, 턱 등의 부위에 입체감을 더한다. • 배역에 필요한 귀밑머리, 가발이나 장식구 등을 이용하여 분장을 마무리한다.

피부표현

눈 화장

볼터치 & 윤곽

입술

기타

CHAPTER 3

[남자] 대극장 무대분장

피부표현	• 메이크업 베이스 처리 후 인종, 연령대, 사회적 지위 등 극중 배역을 고려하여 파운데이션 컬러를 선택한다. • 무대분장에는 유분기가 적고 커버력이 있는 붉은 계열 색상의 파운데이션이 적합하다. • 기본적으로 T존, 코, 눈 밑, 턱 부위에 하이라이트를 처리하고, 광대뼈와 턱 선 부위 등에 셰딩을 처리하여 극중 성격에 맞는 골격표현 및 입체감을 준다. • 볼 부위에 붉은색 라이닝 컬러를 사용하여 혈색을 표현한 후 파우더로 마무리 한다.
눈 화장	• 콤비펜슬이나 젤라이너 갈색 + 검정을 이용하여 배역에 맞는 눈썹 형을 그려주되, 한올 한올 심듯이 그려준다. • 배역에 적당한 컬러의 아이섀도를 처리한 후, 위 아이라인은 눈을 떴을 때 1 ~ 2mm 정도 보이도록 직선 느낌으로 그린다. • 아이홀 자리에 갈색 라이닝 컬러나 콤비 펜슬을 이용하여 아이홀 라인을 그리고 그러데이션 처리한다. • 눈 뼈, 아이홀 안쪽에 화이트 아이섀도를 이용하여 하이라이트 처리한다. • 눈이 커보이도록 아래 아이라이너는 속눈썹에서 약간의 간격을 주고 일직선의 느낌으로 그리고 안쪽은 화이트펜슬이나 화이트 라이닝 컬러를 이용하여 하이라이트 처리한다.
볼터치 & 입술	• 붉은 색 + 갈색 라이닝 컬러나 블러셔를 이용하여 광대뼈 위쪽에 혈색을 표현한다. • 립라이너를 이용하여 입술 선을 또렷하게 그리고, 립스틱을 발라준다.
기타	• 갈색 콤비 펜슬을 이용하여 콧대, 콧망울, 입중, 턱 등의 부위에 입체감을 더한다. • 효과적으로 분장을 표현할 수 있는 수염, 가발이나 장식구 등을 이용하여 마무리한다.

피부표현

눈 화장

볼터치 & 윤곽

입술

기타

1 수염분장(라이닝을 이용한 분장)

분장의 특징	배역에 따라 수염의 길이, 모양, 컬러 등의 변화를 줌
분장재료	[MEMO]
분장순서	• 배우 얼굴에 기본 분장을 마무리 한 후 진행한다. • 표현하고자 하는 부위에 파우더를 발라 유분기를 제거한다. • 곰보스폰지에 푸른색 라이닝 컬러를 묻혀 뭉치지 않도록 조절하며 표현하고자 하는 부위에 면도자국을 표현해준다. • 턱 부위는 턱 아래부터, 콧수염은 구각부터 시작하여 안쪽으로 그러데이션 시킨다. • 갈색, 검정, 푸른색의 라이닝 컬러를 둥근 형태의 라이닝 붓에 묻혀 짧은 길이의 수염을 표현한다. 라이닝 컬러 대신 젤라이너를 사용하기도 한다. • 번역극의 경우 구레나룻 수염 분장을 추가하기도 한다. • 표현하려는 분장에 사실감을 더해줄 수 있는 요소들을 적용한다. [MEMO]
구레나룻 수염	귀밑머리 - 귓구멍 - 귓볼 끝 3부분으로 나누어 방향 조절 ① 귀밑머리 : 수직선으로 일자로 그림 ② 귓구멍 : 코끝을 향하도록 점점 사선으로 그림, 가장 강한 터치 ③ 귓불 끝 : 코끝을 향하도록 수평으로, 넓이도 점차 넓게 그림

표현하고자 하는 스테이지메이크업의 참고 시안과 완성된 작품 사진을 부착하세요.

기본수염그리기(점각법 + 라이닝컬러연습)

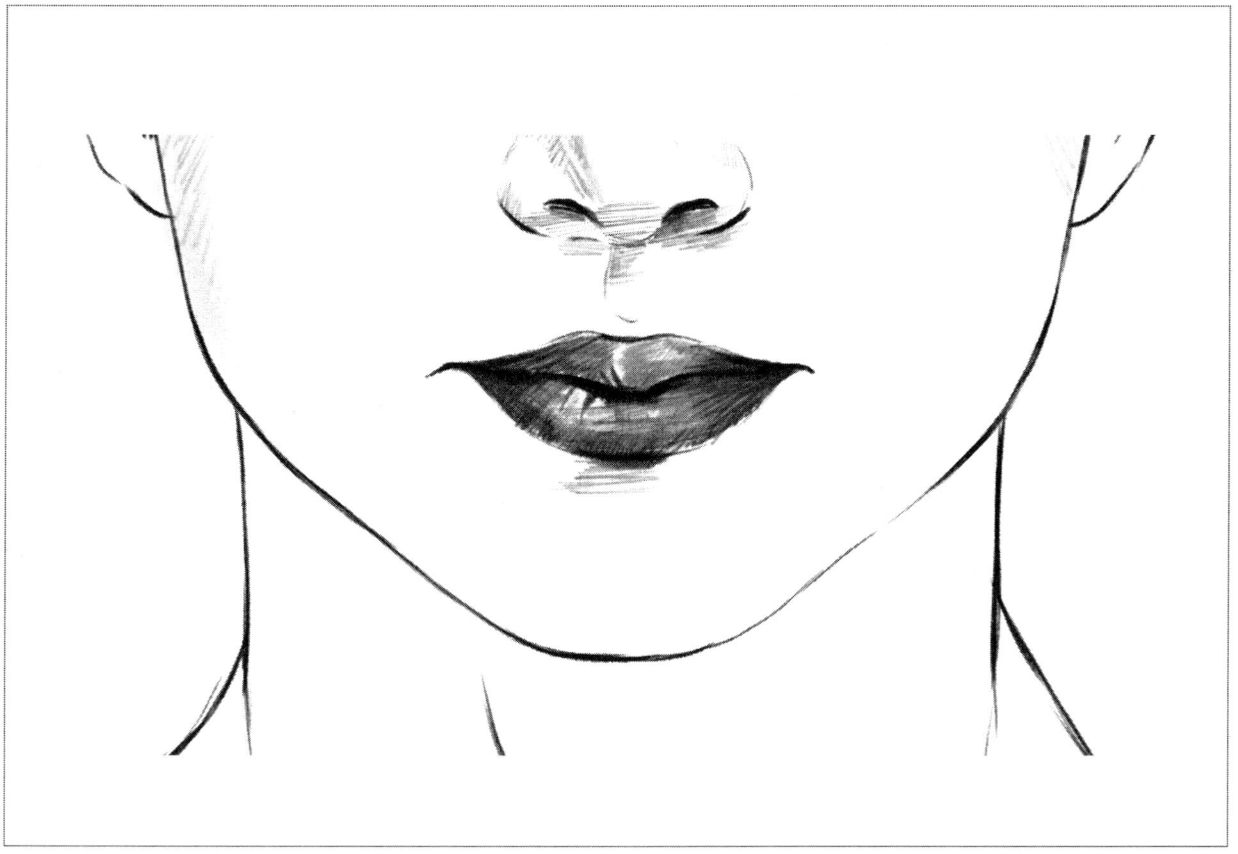

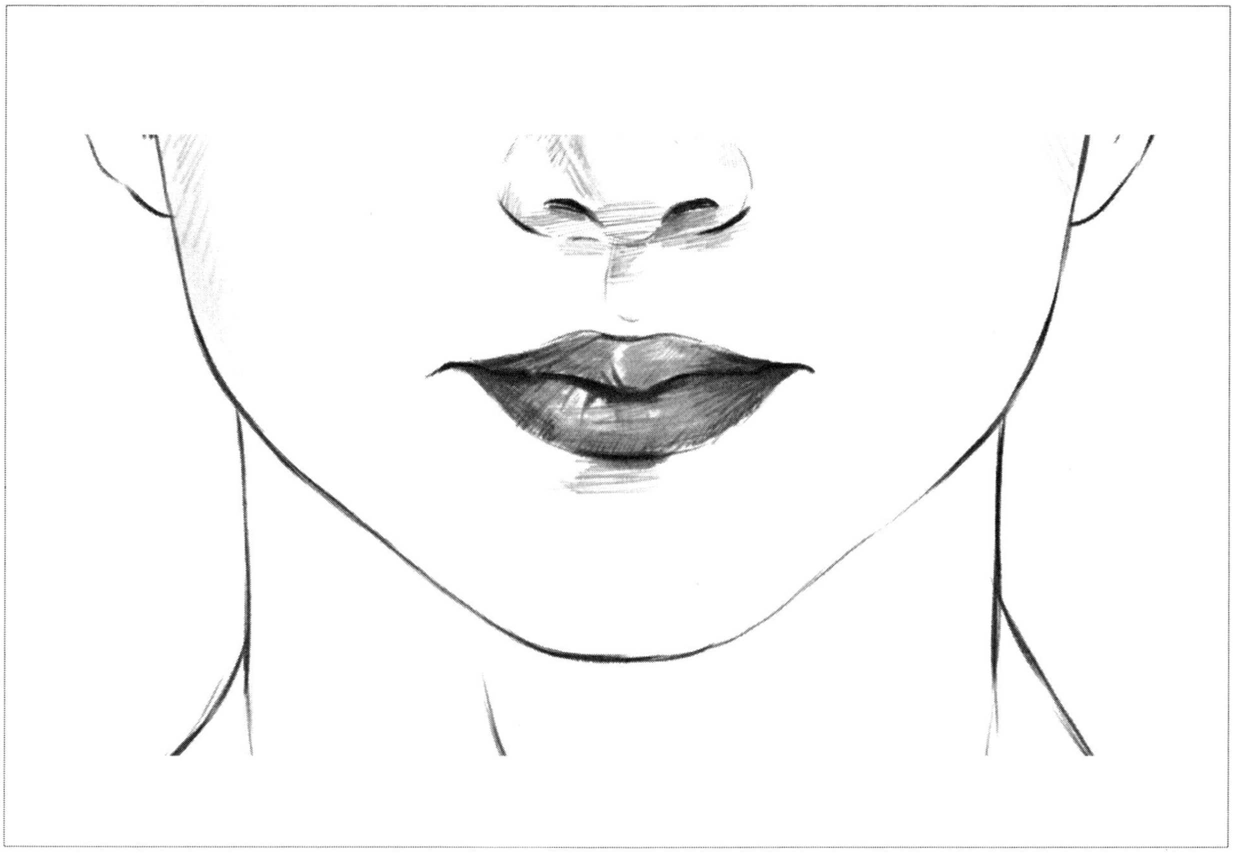

CHAPTER

4 피에로 분장

분장의 특징	• 피에로 분장의 경우 원색의 강한 컬러가 주로 사용된다. • 관객들이 친근감을 느낄 수 있는 분장 디자인 • 눈썹, 눈 입 모양에 따라 피에로의 성격이 달라짐
분장재료	[MEMO]
분장순서	**[눈썹지우기]** • 눈썹 앞머리 부분에 스프리트껌를 바르고 3~4분 경과 후 헤라를 이용하여 접착시킨다. 완전히 접착된 후, 젖은 거즈수건으로 눌러주고 플라스토 왁스를 이용하여 눈썹 곁을 덮어준다. • 플라스토 위에 실러를 이용하여 표면을 고정시킨다. • 무대분장 시, 눈썹이 옅은 경우는 밝은 색 파운데이션을 이용하여 눈썹 색을 커버할 수도 있다. • 분장 상태를 오랫동안 유지하기 위해서는 유분기가 적은 메이크업 베이스를 발라준다. • 펜슬을 사용하여 표현하고자 하는 피에로 분장의 밑그림을 그려준다. • 디자인한 부분을 제외한 부분에 화이트 유성라이닝 컬러를 바르고 투명 파우더로 가볍게 눌러준다. 각자 디자인한 피에로 분장 순서를 메모한다.
기타	• 표현하려는 분장에 사실감을 더해줄 수 있는 가발, 붉은 코 등의 요소들을 적용한다.

표현하고자 하는 스테이지메이크업의 참고 시안과 완성된 작품 사진을 부착하세요.

피부표현

눈 화장

볼터치 & 윤곽

입술

기타

CHAPTER

5 무용분장

분장의 특징	[MEMO]
분장재료	[MEMO]
분장순서	• 시술 전 시술자의 손과 메이크업 도구를 소독한다. • 모델의 피부 유형에 맞는 메이크업 베이스를 펴 바른다. • 모델의 결점을 커버하고 피부 톤에 맞는 파운데이션을 바른다. • 하이라이트와 셰딩으로 윤곽수정 후 핑크파우더로 매트하게 마무리한다. • 눈썹은 모델의 얼굴형을 고려하여 아치형 모양의 눈썹으로 그려주되, 눈썹머리에서는 어두운 갈색으로 시작하여 자연스럽게 눈썹산 부위부터는 검정색으로 그러데이션 시켜준다. • 눈썹 뼈 부위와 아이 홀 안쪽 부위에 펄이 가미된 화이트 컬러의 아이섀도를 사용하여 하이라이트 처리하고 아이홀 부위에 핑크, 퍼플컬러의 아이섀도를 사용하여 입체적인 눈매를 표현한다. • 검정색 아이라이너를 사용하여 끝을 가늘고 길게 그리고 언더라인도 마무리한다. 아이라인과 언더라인에 아쿠아 블루 컬러로 포인트를 준다. • 뷰러를 이용하여 속눈썹을 올리고 마스카라 후 인조 속눈썹을 끝이 올라가게 붙인다. • 핑크색 브러셔를 이용하여 광대뼈를 감싸듯이 화사하게 표현한다. • 셰딩과 하이라이트를 처리하여 입체감을 더한다. • 붉은색 립라이너로 또렷하게 입술을 표현한 후 핑크레드 컬러를 이용하여 자연스럽게 블랜딩 처리해준다.
기타	• 표현하려는 분장에 사실감을 더해줄 수 있는 헤어 장식 등의 요소들을 적용한다.

표현하고자 하는 스테이지메이크업의 참고 시안과 완성된 작품 사진을 부착하세요.

피부표현

눈 화장

볼터치 & 윤곽

입술

기타

CHAPTER

6 노역분장

분장의 특징	노인의 기본적인 외형적인 이미지 외에 설정된 극중 여러 요인들을 적용하여 최종 이미지를 연출해야 한다.
분장재료	[MEMO]
분장순서	• 시술 전 시술자의 손과 메이크업 도구를 소독한다. • 모델의 피부 유형에 맞는 메이크업 베이스를 펴 바른다. • 노역 분장을 위한 피부 표현은 극중 설정된 환경적 요인을 고려하여 피부 톤보다 한 톤 밝게 또는 어둡게 표현한다. • 다크한 밤색컬러의 라이닝 컬러를 이용하여, 이마 위, 눈썹 위, 관자놀이, 눈두덩이, 눈 밑 처짐, 광대뼈 아래, 팔자주름, 턱 윗부분 등 노화로 인해 얼굴에 형성되는 굴곡부위에 발라준 후, 자연스럽게 그라데이션한다. • 화이트 라이닝 컬러를 이용하여 굴곡을 표현한 위 또는 아래 부위에 하이라이트를 처리해준 후, 파우더를 이용하여 유분기를 제거한다. • 갈색 라이닝 컬러나 콤비펜슬을 이용하여 큰 주름, 작은 주름을 표현하고 주름 위 또는 아래 부위에 하이라이트를 표현해준다. : 이마 윗주름, 이마 가운데 주름, 이마 아래 주름, 눈썹 윗주름, 미간 주름, 콧등 주름, 눈꼬리 주름, 눈 밑 처진 주름, 눈 밑 잔주름, 밑 큰 주름, 코 주름, 입술 주름, 볼 처짐 주름, 입술구각 주름, 인중 주름, 입술 밑 주름.... • 검버섯이나 피부잡티 등을 표현하고 눈썹과 머리에 템플화이트나 회색 등을 이용하여 흰머리를 표현한다. • 입술색은 피부 톤보다 밝은 파운데이션으로 거칠게 표현한다. • 표현하려는 분장에 사실감을 더해줄 수 있는 요소들을 추가한다. [MEMO]
기타	[MEMO]

노역분장을 표현하기 위한 골격 및 주름 위치

표현하고자 하는 스테이지메이크업의 참고 시안과 완성된 작품 사진을 부착하세요.

CHAPTER 7

수염분장

1 수염 손질

- 타래 수염의 한쪽 끝을 틀어잡고 쇠 브러시를 이용하여 수염의 끝 부분부터 빗어준다.
- 수염의 기본 길이는 커트 가위의(10 ~ 12cm) 길이에 맞춰 일정하게 자른다.
- 커팅한 수염을 뭉치지 않도록 한 올 한 올 풀어준다.
- 풀어 놓은 수염의 적당량을 잡아 양손 바닥으로 가볍게 비벼준다.
- 표현하고자 하는 배역에 따라 수염의 비비는 횟수를 조절한다.
- 같은 길이가 되도록 수염의 길이를 맞추고 뭉친 부분이 없도록 수염을 빗질한다.
- 정리된 수염의 길이가 처음 길이와 비교하여 0.5 ~ 0.7mm 이상 차이가 있을 경우 잘못된 것이므로 재정리한다.
- 마무리된 수염은 종이 박스에 보관한다.

2 점각수염 분장

분장의 특징	2 ~ 3일 정도 면도 안한 상태의 수염분장
분장재료	[MEMO]
분장순서	• 배우 얼굴에 기본 분장을 마무리한 후 진행한다. • 표현하고자 하는 부위에는 최소량의 파운데이션을 가볍게 처리하고 파우더를 발라 유분기를 제거한다. • 곰보스폰지에 검정 + 갈색 라이닝 컬러나 검정 찍구를 적절히 묻혀 뭉치지 않도록 조절하며 표현하고자 하는 부위에 점각하여 준다. • 점각할 때 턱 부위는 턱 아래부터, 콧수염은 구각부터 시작하여 안쪽으로 그러데이션 시킨다. • 분장을 수정할 수 없는 단점이 있으므로 세심한 작업이 이루어져야 한다. • 분장용 픽스 스프레이 등을 이용하여 분장을 고정시킨다. • 표현하려는 분장에 사실감을 더해줄 수 있는 요소들을 적용한다. [MEMO]
기타	[MEMO]

3 선비수염 분장

분장의 특징	• 프로스테틱 어드헤시브를 사용하여 수염분장 작업 시 스피리트 껌보다 화면상 조명반사가 적으며 접착력이 강해서 분장의 유지시간이 길다는 장점이 있으나, 수정이 용이하지 않다는 불편함이 있다. • 사극물이나 시대물의 콧수염은 윗입술 라인이 살짝 가려지도록 정리하고 현대물인 경우 윗입술 라인이 살짝 보이도록 정리한다.
분장재료	[MEMO]
분장순서	• 수염을 붙일 부위를 제외한 배우 얼굴에 필요한 기본 분장을 끝내 후 작업한다. • 수염을 부착할 부위의 유분기를 알코올로 가볍게 제거해준다. • 기본 선비 수염의 길이는 부위별로 나누어 컷팅해야 볼륨이 있는 수염의 모양을 완성할 수 있다. • 수염길이는 사용하고자 하는 수염의 양을 반으로 나누어 - 수염 양의 1/2는 ① 총길이의 2/1선, - 수염 양의 1/2는 ② 총길이의 2/3 선, ③ 총길이의 1/3선 컷팅하여 사용한다. **[턱수염]** • 표현하고자 하는 부위에 스피리트 껌이나 프로스테틱 어드헤시브를 골고루 바른다. • 거즈수건에 물을 묻혀 완전히 짜낸 상태로 스피리트 껌을 바른 부위를 눌러준다(번들거림 방지, 스피리트 껌의 굳는 속도 조절) • 접착제의 상태를 확인한 후, 받침수염을 부착 후, 밑 부분부터 순서대로 붙여준다. **[콧수염]** • 수염의 중간을 사선 방향으로 컷팅한다. • 구각부터 안쪽으로 수염의 방향을 고려하여 부착하고, 양쪽 수염 모양을 체크하며 붙인다. • 인중 부위는 적은 양의 수염으로 표현한다. • 위, 아래 수염의 접착제가 다 마른 후 수염 빗을 이용하여 수염의 전체 부착상태를 확인한 후, 가볍게 빗어준다. • 핀셋을 이용하여 뭉치거나 결이 일정하지 않은 부위를 정리해준다. • 가위를 이용하여 수염의 방향과 같은 수직방향으로 수염의 모양을 정리한다. • 라텍스, 스피리트 껌, 스프레이 등을 이용하여 수염모양을 완성하고, 스프레이를 이용하여 수염분장의 형태를 고정시킨다. • 표현하려는 분장에 사실감을 더해줄 수 있는 요소들을 적용한다.
기타	[MEMO]

표현하고자 하는 스테이지메이크업의 참고 시안과 완성된 작품 사진을 부착하세요.

수염분장의 위치 및 수염모양

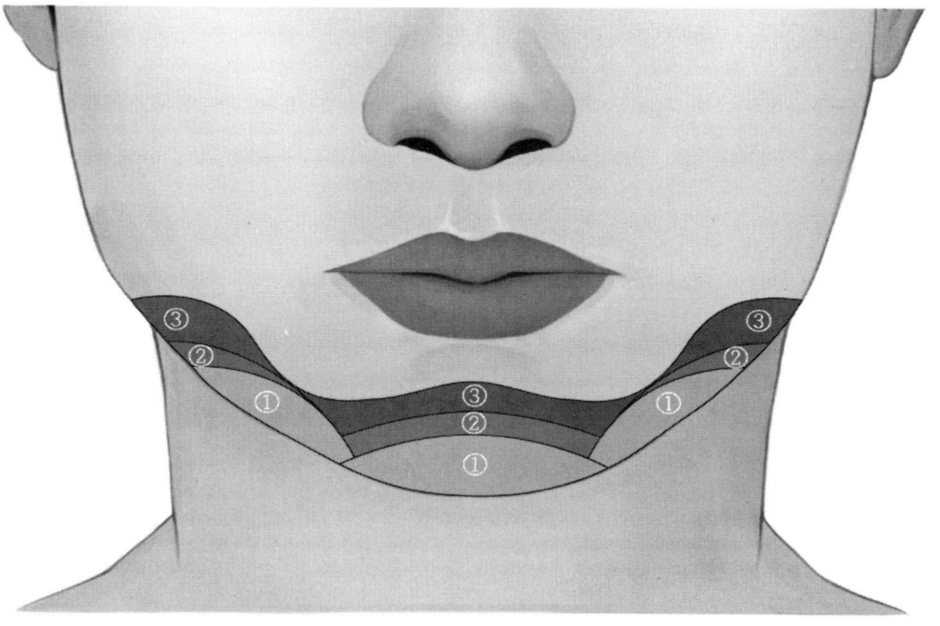

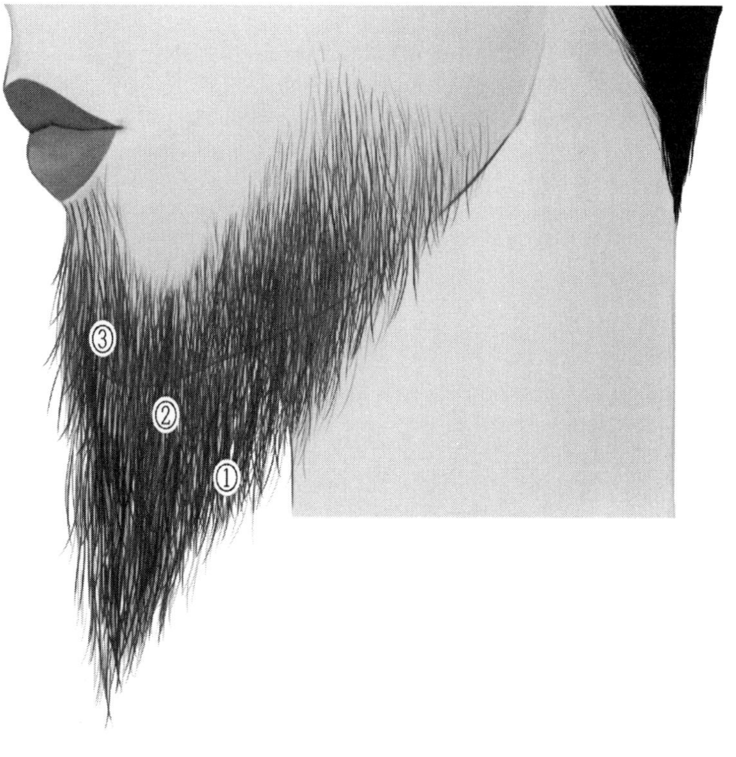

선비수염 분장 디자인

4 짧은 수염 분장

분장의 특징	• 완성된 수염의 길이가 2~ 3cm 정도 • 짧은 수염의 길이 정리는 수염가위와 이발기를 함께 사용할 경우 좀 더 섬세한 작업을 진행할 수 있다. • 수염분장을 통해 다양한 캐릭터 표현이 가능하다.
분장재료	[MEMO]
분장순서	• 작업 전 시술자와 분장 도구를 소독한다. • 배우 얼굴에 필요한 기본 분장을 끝낸 후 작업한다. • 작업 할 수염의 길이를 3 ~ 4cm 정도로 컷팅한 후, 수염을 다시 정리한다. • 프로스테틱 어드헤시브를 분장할 부위에 균일하게 바르고 기본수염과 동일한 방법으로 턱수염과 콧수염을 붙인다. • 접착제가 완전하게 마르기 전에 빗과 핀셋을 이용하여 수염을 정리한다. • 이발기를 이용하여 수염의 전체 길이를 정리한다. • 라텍스나 스프레이를 이용하여 마무리 한다. • 표현하려는 분장에 사실감을 더해줄 수 있는 요소들을 적용한다.
기타	[MEMO]

5 반백수염 분장

분장의 특징	• 연령대에 따라 검정: 흰색 수염의 양을 조절하여 혼합한다. • 기본 수염분장보다 수염의 양을 적게 표현한다.
분장재료	[MEMO]
분장순서	• 사극에서의 60대 후반의 반백수염 분장 시, 보통 검정과 흰색 수염을 4 : 6 비율 정도로 혼합하여 사용하는데, 수염의 혼합은 배역의 나이와 역할을 고려하여 사용한다. • 반백수염을 준비할 때 흰색 수염은 수염 비비기 과정을 생략하고 정리된 검정수염과 혼합하면 된다. • 기본 수염분장과 같은 순서로 작업한다. • 표현하려는 분장에 사실감을 더해줄 수 있는 요소들을 적용한다.
기타	[MEMO]

표현하고자 하는 스테이지메이크업의 참고 시안과 완성된 작품 사진을 부착하세요.

6 장군수염 분장

분장의 특징	• 기본 수염보다 수염의 양이 많다. • 수염분장을 통해 다양한 캐릭터 연출이 가능하다. • 수염의 기본 틀은 망 수염을 이용하기도 한다. [MEMO]
분장재료	[MEMO]
분장순서	• 극중 배역의 캐릭터를 분석하여 캐릭터 표현에 적합한 수염의 모양을 조사한다. • 캐릭터에 따라 수염의 양과 모양을 달리 적용할 수 있으며, 따기수염 등을 이용할 수 있다. [따기수염 준비과정] • 웨이브의 크기는 수염의 양에 따라 조절되므로 캐릭터에 맞추어 양을 조절한다. • 필요한 양만큼 수염을 3줄기로 땋아 놓는다. • 땋아놓은 수염에 물 스프레이로 수분을 적당하게 뿌려준 후 자연건조 시킨 후 사용하거나 전자레인지에 5~10분 정도 열을 가해준다. • 기본 수염과 동일한 방법으로 작업한다. • 구레나룻 수염의 위치를 확인하여 표현한다. 표현하려는 분장에 사실감을 더해줄 수 있는 요소들을 적용한다.
기타	[MEMO]

표현하고자 하는 스테이지메이크업의 참고 시안과 완성된 작품 사진을 부착하세요.

CHAPTER

8 뮤지컬 & 오페라 분장

분장의 특징	• 뮤지컬과 오페라 공연의 경우 대부분 대극장 공연 • 관객과의 거리감 극복과 인물의 특징을 나타내기 위해 다소 과장된 분장 표현 • 지나치게 강한 분장으로 인해 배우의 감정표정을 방해하면 안 됨 • 대부분 춤, 노래, 연기를 병행해야 하므로 분장이 땀에 유지될 수 있도록 되도록 워터 프루프 제품을 주로 사용
분장재료	[MEMO]
분장순서	**[헤드윅 역 예시]** 모델의 눈썹을 왁스 외의 분장 재료를 이용하여 가려준다.
기타	배역에 어울리는 헤어 가발과 의상을 연출한다. [MEMO]

표현하고자 하는 스테이지메이크업의 참고 시안과 완성된 작품 사진을 부착하세요.

피부표현

눈 화장

볼터치 & 윤곽

입술

기타

피부표현

눈 화장

볼터치 & 윤곽

입술

기타

CHAPTER

9 스테이지 메이크업 디자인계획서 -TEST 1

작품 콘셉트

사전 체크사항 및 준비물

분장순서

기타

표현하고자 하는 스테이지메이크업의 참고 시안과 완성된 작품 사진을 부착하세요.

스테이지 메이크업 디자인스케치

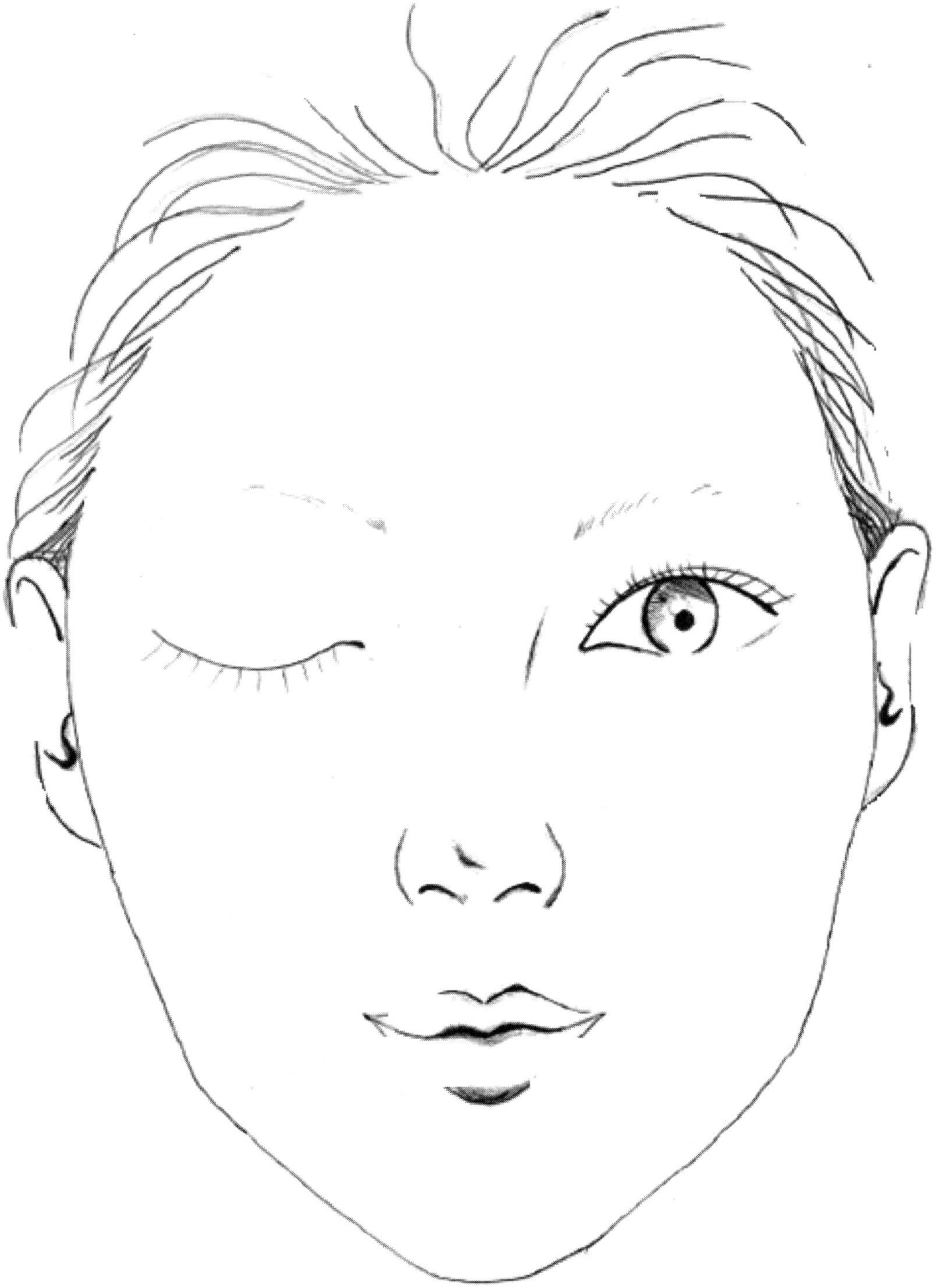

작품 사진1

작품 사진2

CHAPTER

10 스테이지 메이크업 디자인계획서 -TEST 2

작품 콘셉트

사전 체크사항 및 준비물

분장순서

기타

표현하고자 하는 스테이지메이크업의 참고 시안과 완성된 작품 사진을 부착하세요.

스테이지 메이크업 디자인스케치

작품 사진1

작품 사진2

스테이지 메이크업 마스터북
[STAGE MAKE-UP MASTER BOOK]

2020년 3월 1일 초판 인쇄
2020년 3월 5일 초판 발행
2025년 2월 25일 개정1판 발행

저　　자 이정민
발 행 인 조규백
발 행 처 도서출판 구민사
(07293) 서울특별시 영등포구 문래북로 116, 604호(문래동3가 46, 트리플렉스)
전　　화 02.701.7421~2
팩　　스 02.3273.9642
홈페이지 www.kuhminsa.co.kr
신고번호 제2012-000055호(1980년 2월 4일)
I S B N 979-11-6875-500-0 13590
정　　가 15,000원